MÉTHODE PRATIQUE

POUR LA

RÉSOLUTION NUMÉRIQUE COMPLÈTE

DES

ÉQUATIONS ALGÉBRIQUES OU TRANSCENDANTES

PAR

M. E. CARVALLO

DOCTEUR ÈS SCIENCES
PROFESSEUR AGRÉGÉ DE L'UNIVERSITÉ
EXAMINATEUR D'ADMISSION A L'ÉCOLE POLYTECHNIQUE

PARIS

LIBRAIRIE NONY & Cie

17, RUE DES ÉCOLES, 17

—

1896

MÉTHODE PRATIQUE

POUR LA

RÉSOLUTION NUMÉRIQUE COMPLÈTE

DES

ÉQUATIONS ALGÉBRIQUES OU TRANSCENDANTES

PAR

M. E. CARVALLO

DOCTEUR ÈS SCIENCES
PROFESSEUR AGRÉGÉ DE L'UNIVERSITÉ
EXAMINATEUR D'ADMISSION A L'ÉCOLE POLYTECHNIQUE

PARIS

LIBRAIRIE NONY & Cⁱᵉ

17, RUE DES ÉCOLES, 17

1896

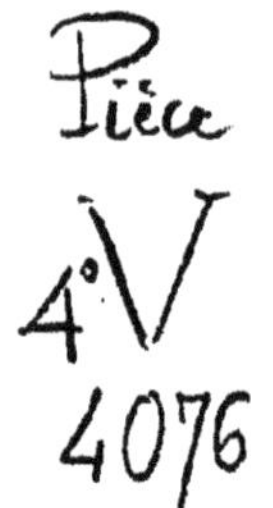

MÉTHODE PRATIQUE

POUR LA

RÉSOLUTION NUMÉRIQUE COMPLÈTE

DES ÉQUATIONS ALGÉBRIQUES OU TRANSCENDANTES

HISTORIQUE

« *Étant donnée une équation numérique, sans aucune notion de la grandeur ni de la nature des racines, en trouver les valeurs numériques, exactes s'il est possible, ou aussi approchées qu'on voudra.* Ce problème n'a pas encore été résolu. C'est l'objet des recherches suivantes. »

Ainsi s'exprime Lagrange au commencement de son Mémoire sur *la résolution des équations numériques* (1767). Posé par Viète (*), ce problème est étudié d'abord dans des cas spéciaux par lui-même, par Harriot, Ougtred, Pell, etc. Descartes l'aborde dans toute sa généralité et l'engage dans une voie nouvelle par sa règle des signes, insuffisante il est vrai.

« Telle qu'elle est néanmoins (**), cette règle a été pendant deux siècles ce qu'on a eu de mieux. Les plus grands analystes, à commencer par Newton et à finir par Lagrange, n'ont pu, malgré leurs efforts, faire un pas décisif après Descartes. L'équation aux carrés des différences (de Lagrange) simple en théorie, nécessite des calculs fatigants et quelquefois interminables. Fourier atteint presque le but. En 1820, il publie une règle dont il était en possession depuis plusieurs années. S'il échoue, ses efforts aident Sturm à réussir dans un théorème qu'il donne en 1829. Ce théorème exige seulement une dérivée et une opération analogue à la recherche du plus grand commun diviseur... *Toutefois l'esprit a je ne sais quel pressentiment qu'il existe quelque voie plus simple.* »

Telle est en peu de mots, d'après Bordas-Démoulin, l'histoire de cette belle théorie des équations, exposée par nos professeurs avec un si grand talent qu'elle semble à leurs élèves l'œuvre d'un seul génie. Saisis d'admiration pour tant de puissance, nous sommes entraînés par ce même talent à confondre notre pensée avec celle des inventeurs, si bien que l'idéal de Sturm devient volontiers le nôtre : découvrir les racines par son théorème, puis en calculer des valeurs aussi approchées qu'on veut par la règle de Newton. Et cependant le pressentiment du savant

---

(*) *De numerosa potestarum adfectarum resolutione.*
(**) BORDAS-DÉMOULIN, *Le Cartésianisme,* p. 122; 1843.

philosophe est si bien justifié que la réalisation en existait déjà depuis plus de quatre ans quand il publia son Livre en 1843.

En effet, le professeur Gräffe, de Zurich, estimant que la *séparation des racines*, poursuivie par ses devanciers, n'est qu'une méthode de tâtonnements, a donné dans un Mémoire couronné par l'Académie de Berlin en 1839 une méthode directe remarquable par la simplicité de principe et d'application. Elle consiste à calculer une puissance des racines assez grande pour que leurs rapports deviennent considérables. Ainsi grossies, les racines sont séparées et immédiatement mesurables, comme les objets fins et rapprochés sont séparés et rendus mesurables par le microscope. Cette idée remonte à Daniel Bernoulli. Elle sert de base à la méthode que ce célèbre mathématicien a donnée « dans *les Mémoires à l'Académie de Saint-Pétersbourg*, t. III, où il enseigne comment on peut, à l'aide des séries récurrentes, assigner les valeurs approchées des racines d'une équation algébrique quelconque ». Mais la méthode de Bernoulli ne donne directement que la plus grande racine. De plus, comme l'indique Euler dans son *Introduction à l'analyse infinitésimale*, Chap. XVII, elle peut se trouver en défaut. Gräffe au contraire trouve toutes les racines. Il obtient ce résultat par une opération plusieurs fois répétée, comme le micrographe augmenterait le grossissement par une série de verres gradués. Cette opération, d'arithmétique pure, est si simple qu'elle n'exige aucune connaissance théorique; elle s'exécute sur les coefficients de l'équation sans préparation préliminaire. Plus de difficulté telle que la recherche du plus grand commun diviseur; plus de tâtonnements dont la longueur indéterminée est incompatible avec les besoins de la pratique. Nous possédons enfin, comment Duhamel l'ignore-t-il? la méthode qu'il réclame en 1866 (*) « *que tout le monde puisse appliquer avec le même succès* ».

Seulement Gräffe s'est borné à déterminer les *racines réelles et les modules des racines imaginaires, quand ces quantités diffèrent les unes des autres.*

C'est en effet tout ce que ses devanciers se sont proposé. Le célèbre astronome allemand Encke, admirateur de la méthode de Gräffe, se préoccupe dès lors de la compléter. Dans ce but, il publie en 1841 un Mémoire de soixante pages dans l'appendice à l'*Annuaire de l'observatoire de Berlin*. Ce Mémoire, laissé dans l'oubli malgré l'intérêt du sujet et le renom de son auteur, tomba par hasard sous les yeux de D. Miguel Merino, de l'observatoire de Madrid, qui cherchait depuis longtemps, mais en vain, dans les livres français, la méthode pressentie par Bordas et réclamée par Duhamel. Il fut tellement satisfait de sa découverte qu'il publia en espagnol une traduction libre du Mémoire (1879). Dans son enthousiasme, il reproche à nos auteurs leur silence à l'égard du savant allemand et en accuse « la paresse d'esprit, la routine des écoles et le patriotisme très mal entendu ». Mais à côté de ces sévères critiques, M. Merino ne justifie-t-il pas cet oubli d'un travail relégué dans une publication astronomique, spécial à un observatoire particulier? Lui-même s'étonne de l'y trouver; il en juge la lecture

---

(*) *Des méthodes dans les sciences de raisonnement*, 2ᵉ partie, p. 258.

pénible. Pour le mettre à la portée des lecteurs, il a dû séparer les difficultés dans des Chapitres distincts, puis ajouter des exemples et des éclaircissements nombreux. Avec ces modifications, le livre espagnol a 260 pages. Il présente les qualités de clarté et de méthode que le traducteur refuse au Mémoire original. Il y a plus, à côté de son admiration pour la méthode de Gräffe, M. Merino avoue que le complément d'Encke ne répond pas entièrement au désidératum.

Et en effet, dans sa recherche des racines imaginaires, Encke n'emprunte au calcul de Gräffe que la connaissance du module. Par là il méconnaît l'idée féconde de l'inventeur suisse. La théorie en devient compliquée; l'application exige des développements trigonométriques, la formation du plus grand commun diviseur et retombe ainsi, pour les imaginaires, dans les difficultés de la méthode de Sturm. On le voit, s'il est permis d'apprécier la théorie d'Encke parce qu'elle aborde pour la première fois avec succès les racines imaginaires, il faut bien reconnaître que le savant allemand n'a rien ajouté de *pratique* à la méthode de Gräffe, parce qu'il n'en a pas vu toute la portée.

Dans ce Mémoire, je reprends le problème d'Encke. Je démontre que la règle de Gräffe donne immédiatement et sans nouveau calcul les racines imaginaires, comme les racines réelles; que la méthode s'applique sans modification au cas des racines d'égal module. On verra même que ma démonstration embrasse le cas non abordé jusqu'ici où l'équation proposée a ses coefficients imaginaires. Tous ces résultats sont obtenus d'un seul coup par un *théorème fondamental* sur la *fragmentation* de l'équation.

Dépassant ensuite le but poursuivi par Encke, je démontre que la méthode s'applique avec un caractère de supériorité remarquable au cas où le premier membre de l'équation est une fonction holomorphe de l'inconnue. Ce résultat s'étend d'abord au cas des fonctions méromorphes, comme la résolution des équations entières s'étend au cas où le premier membre est une fonction algébrique fractionnaire; puis il s'étend aux autres fonctions en isolant les points critiques.

Je me suis efforcé de donner à l'exposition de la théorie une rigueur qui fait défaut dans l'œuvre de Gräffe et d'Encke, et qui est nécessaire pour ouvrir à une méthode nouvelle les portes de l'enseignement; on reconnaîtra cependant que je ne me suis pas livré à de vaines spéculations, mais que, toujours guidé par un but pratique, j'ai appliqué chaque point de la théorie à un exemple. Je n'ai même pas craint de m'arrêter aux détails qui sont de nature à faciliter l'exécution des calculs.

§ I. — Théorie de la résolution numérique des équations algébriques.

1. Définitions. — 1° *Approximations dans les imaginaires.* — Soit M l'affixe de l'imaginaire z. Il est clair que la précision de la position du point M représente la précision de z. De là les définitions suivantes où l'on désigne par M' l'affixe de z', valeur approchée de z.

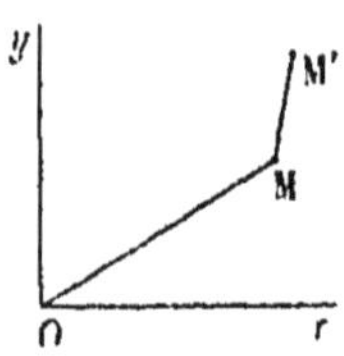

L'erreur absolue de z' est $z' - z$. Elle est représentée par le vecteur MM'.

La grandeur de cette erreur est la longueur MM' ou mod. $(z' - z)$.

L'erreur relative de z' est

$$\frac{\text{MM}'}{\text{OM}} = \frac{\text{mod. } (z' - z)}{\text{mod. } z}.$$

L'imaginaire, représentée par le vecteur MM', est *négligeable* devant z quand son module est inférieur à la grandeur d'erreur absolue qu'on tolère sur z, ou bien encore quand $\dfrac{\text{MM}'}{\text{OM}}$ est inférieur à l'erreur relative qu'on tolère sur z.

2° *Ordre des racines.* — Ces considérations conduisent à ranger les racines d'une équation suivant l'ordre de grandeur de leurs modules, sauf à laisser arbitraire l'ordre des racines qui ont même module. Nous choisirons l'ordre décroissant. Les racines et leurs modules seront représentés respectivement par des lettres grecques et par les lettres romaines correspondantes.

3° *Racines séparées.* — Je dirai que deux racines consécutives sont *séparées* quand la deuxième sera *négligeable* devant la première.

4° *Résolution approximative.* — Si un nombre substitué à l'inconnue dans le premier membre d'une équation algébrique donne un résidu *négligeable* devant le terme maximum (*en module*), je dirai que l'équation est *satisfaite à l'approximation considérée.*

2. Idée de la méthode. — Imaginons une équation du quatrième degré et soient, pour fixer les idées, 4, 3, 2 et 2 les modules de ses racines. L'équation aux puissances μ des racines aura pour solutions quatre nombres α, β, γ, δ dont les modules sont

$$a = 4^\mu, \qquad b = 3^\mu, \qquad c = 2^\mu, \qquad d = 2^\mu.$$

On prendra μ assez grand pour séparer les racines, c'est-à-dire pour rendre δ et γ négligeables devant β, et β devant α. Le nombre μ dépend de l'approximation que l'on veut apporter au calcul.

Soit

$$x^4 + Ax^3 + Bx^2 + Cx + D = 0$$

l'équation aux puissances μ des racines, on aura :

$$-A = \alpha + \beta + \gamma + \delta \quad = \alpha, \qquad \text{à l'approximation du calcul,}$$
$$B = \alpha\beta + \dots \quad = \alpha\beta, \qquad\qquad »$$
$$-C = \alpha\beta(\gamma + \delta) + \dots = \alpha\beta(\gamma + \delta), \qquad »$$
$$D \quad = \alpha\beta\gamma\delta,$$

d'où l'on déduit, à l'approximation demandée,

$$\alpha = -A, \qquad \beta = \frac{B}{-A}, \qquad \gamma + \delta = \frac{-C}{B}, \qquad \gamma\delta = \frac{D}{B};$$

α, β, γ, δ sont donc donnés par les équations

$$x + A = 0, \qquad Ax + B = 0, \qquad Bx^2 + Cx + D = 0;$$

ou encore par les équations

$$x^4 + Ax^3 = 0, \qquad Ax^3 + Bx^2 = 0, \qquad Bx^2 + Cx + D = 0,$$

dont les premiers membres sont trois fragments du premier membre de l'équation qui a pour racines α, β, γ, δ. De ces racines on déduit facilement celles de l'équation proposée.

Il serait malaisé de déterminer *a priori* le nombre μ et de former d'un coup l'équation aux puissances μ des racines. Les convenances de la pratique conduisent à procéder ainsi :

On forme l'équation aux carrés changés de signes des racines de l'équation proposée : c'est la *première transformée;* on forme la transformée de la nouvelle équation, c'est la *deuxième transformée*. On continue ainsi jusqu'à la $n^{ième}$ transformée qui a pour racines les puissances $\mu = 2^n$ de celles de la proposée, le nombre n étant assez grand pour séparer les racines dont les modules sont différents. L'idée de séparer ainsi les racines est due au professeur Gräffe de Zurich (1837), pour le cas où l'équation a ses racines réelles et distinctes. Mais elle s'applique aussi bien aux équations quelconques, même à coefficients imaginaires. Avant d'aborder le *théorème fondamental* qui préside à la fragmentation de l'équation et remplace à lui seul les théories compliquées d'Encke, examinons quel effort exige cette fragmentation.

3 Nombre des transformées nécessaires pour séparer deux racines consécutives α et β. — Ce nombre ne dépend évidemment que du rapport des racines et de la précision qu'on veut apporter au calcul. Je considère la transformée aux puissances μ des racines de la proposée. Nous voulons qu'elle sépare les racines α et β, c'est-à-dire que β^μ soit négligeable devant α^μ, ou que $\dfrac{b^\mu}{a^\mu}$ soit plus petit que l'erreur relative ε qu'on tolère sur la racine α. On en déduit

$$\left(\frac{a}{b}\right)^\mu > \frac{1}{\varepsilon}$$

ou

$$\mu \log \frac{a}{b} > \log \frac{1}{\varepsilon}.$$

Je pose

$$\log \frac{a}{b} = \lambda, \qquad \mu = 2^n, \qquad \log \frac{1}{\varepsilon} = k;$$

n sera le numéro d'ordre de la transformation cherchée,
k est grossièrement le nombre de chiffres exacts qu'on demande à la racine.

L'inégalité précédente devient

$$2^n \lambda > k;$$

d'où l'on déduit

$$(A) \qquad n > \frac{\log k}{\log 2} + \frac{\operatorname{colog} \lambda}{\log 2}.$$

Ainsi la limite inférieure de n est la somme de deux nombres; le premier est fonction du nombre k des chiffres exacts demandés à la racine x, l'autre dépend de λ, et par suite du rapport des racines à séparer. Voici deux Tables donnant une suite de valeurs numériques de ces deux nombres :

<table>
<tr><td colspan="2">TABLE I.</td><td colspan="2">TABLE II.</td></tr>
<tr><td>k.</td><td>$\dfrac{\log k}{\log 2}$.</td><td>$\dfrac{a}{b}$.</td><td>$\dfrac{\operatorname{colog} \lambda}{\log 2}$.</td></tr>
<tr><td>3</td><td>1,6</td><td>1,001</td><td>11,2</td></tr>
<tr><td>4</td><td>2,0</td><td>1,01</td><td>7,8</td></tr>
<tr><td>5</td><td>2,3</td><td>1,1</td><td>4,6</td></tr>
<tr><td>6</td><td>2,6</td><td>1,5</td><td>2,5</td></tr>
<tr><td>7</td><td>2,8</td><td>2,0</td><td>1,7</td></tr>
<tr><td>8</td><td>3,0</td><td>3,0</td><td>1,1</td></tr>
<tr><td>9</td><td>3,2</td><td>5,0</td><td>0,5</td></tr>
<tr><td>10</td><td>3,3</td><td>10,0</td><td>0,0</td></tr>
</table>

Remarques pratiques. — Il résulte de la formule (A) et de ces deux Tables, les conséquences suivantes :

Pour séparer deux racines décuples l'une de l'autre, il faut deux à trois transformées suivant que l'approximation demandée est de 4 à 8 chiffres exacts. Si une racine surpasse 10 fois l'autre, le nombre des transformées n'en peut être que diminué. Si le rapport $\frac{a}{b}$ est compris entre 1 et 10, le nombre d'opérations est augmenté des nombres de la deuxième colonne de la Table II. Ainsi :

Pour séparer 2 racines dont le rapport est 1,5, il faut. . . . . $2^{\text{transf}},5$

Pour faire le calcul avec 5 chiffres exacts, il faut. . . . . . $2^{\text{transf}},3$

Total . . . . 5 transformées

Ainsi la cinquième transformée, c'est-à-dire celle qui donne les valeurs de x^{25} séparera, parmi les racines de la proposée, celles dont les modules sont au moins dans le rapport 1,5. On voit aussi que le nombre des transformées nécessaires augmente rapidement quand le rapport $\frac{a}{b}$ se rapproche de 1. Pour $\frac{a}{b} = 1$, il est infini. Il ne serait guère raisonnable de faire plus d'une dizaine de transformées, c'est-à-dire de séparer des racines telles que le module de la plus grande dépassât celui de la plus petite de moins de $\dfrac{1}{1000}$ de leur valeur; mieux vaut considérer ces modules comme égaux dans une première approximation. Dès lors, il n'y a pas lieu en général de porter une très grande précision au calcul des transformées successives. On y trouvera cet énorme avantage de pouvoir exécuter toutes les opérations avec la règle à calcul; en évitant ainsi l'usage des tables de logarithmes, le calculateur aura très rapidement séparé les racines qui peuvent l'être avec cette approximation.

4. Théorème fondamental. — *Pour que les racines consécutives* x_p *et* x_{p+1} *du polynome*

$$f(x) = x^m + A_1 x^{m-1} + \cdots + A_p x^{m-p} + \cdots + A_m$$

soient séparées, il faut et il suffit que

$$\left(\frac{A_{p+k}}{A_p}\right)^{\frac{1}{k}} \quad \textit{soit négligeable devant} \quad \left(\frac{A_p}{A_{p-l}}\right)^{\frac{1}{l}}$$

pour toutes les valeurs de k *et de* l. *Le polynome* $f(x)$ *se sépare alors en deux fragments. Le premier, obtenu en négligeant les termes qui suivent* A_p, *donne les* p *premières racines. Le second fragment, obtenu en négligeant les termes qui précèdent* A_p, *donne les* $m-p$ *dernières racines.*

1° Je suppose a_{p+1} négligeable devant a_p.

Le coefficient A_p égale la somme des produits p à p des racines. Le premier de ces produits est $x_1 x_2 \ldots x_p$. Un autre produit s'obtient en remplaçant au moins une des p premières racines par une des suivantes qui sont négligeables devant les premières. Ce nouveau produit est donc négligeable devant le premier, et l'on a, à l'approximation du calcul,

$$\text{mod. } A_p = a_1 a_2 \ldots a_p.$$

A_{p+k} a pour premier terme $x_1 x_2 \ldots x_p \ldots x_{p+k}$ dont le module est

$$a_1 a_2 \ldots a_p a_{p+1} \ldots a_{p+k}.$$

Les autres termes sont du même ordre de grandeur, ou d'ordre plus petit.

Le terme A_{p+k} ne peut donc pas dépasser l'ordre de $a_1 a_2 \ldots a_p a_{p+1} \ldots a_{p+k}$, ni $\dfrac{A_{p+k}}{A_p}$ dépasser l'ordre de $a_{p+1} \ldots a_{p+k}$, lequel est au plus l'ordre de $(a_{p+1})^k$.

Enfin $\left(\dfrac{A_{p+k}}{A_p}\right)^{\frac{1}{k}}$ est au plus de l'ordre de a_{p+1}. De même $\left(\dfrac{A_p}{A_{p-l}}\right)^{\frac{1}{l}}$ est au moins de l'ordre de a_p. Comme a_{p+1} est supposé négligeable devant a_p, $\left(\dfrac{A_{p+k}}{A_p}\right)^{\frac{1}{k}}$ est négligeable devant $\left(\dfrac{A_p}{A_{p-l}}\right)^{\frac{1}{l}}$ à la même approximation.

C. Q. F. D.

2° La réciproque de cette proposition est fondamentale.

Pour la démontrer, je considère, non plus une équation algébrique de degré m, mais l'équation plus générale, à coefficients réels ou imaginaires,

$$(1) \qquad 0 = f(x) = \cdots + A_{p-l}x^{m-p+l} \cdots + A_p x^{m-p} \cdots + A_{p+k}x^{m-p-k} \cdots,$$

qui peut être prolongée indéfiniment dans les deux sens.

Je suppose que l'inégalité

$$(2) \qquad \mathrm{mod.}\left(\frac{A_{p+k}}{A_p}\right)^{\frac{1}{k}} < \mathrm{mod.}\left(\frac{A_p}{A_{p-l}}\right)^{\frac{1}{l}}$$

soit satisfaite pour toutes les valeurs de k et de l. Soit K la plus grande valeur du premier membre, L la plus petite valeur du second. On a par hypothèse $K < L$. Je vais chercher une condition précise qui assure la séparation des racines de l'équation (1) en deux groupes et trouver des limites à ces deux groupes.

Je donne à x une valeur dont le module est compris entre K et L. Je peux représenter ce module par

$$\mathrm{mod.}\, x = nK = \frac{1}{n'}\,L, \qquad \text{d'où} \qquad K = \frac{1}{nn'}\,L,$$

n et n' étant des nombres plus grands que 1. Pour cette valeur de x, je compare le terme $A_p x^{m-p}$ à ceux qui suivent et à ceux qui précèdent. Il vient successivement

$$(3) \quad \mathrm{mod.}\,\frac{A_{p+k}x^{m-p-k}}{A_p x^{m-p}} = \mathrm{mod.}\,\frac{A_{p+k}}{A_p}\times x^{-k} \leqq K^k \times (nK)^{-k} \qquad \text{ou} \qquad \left(\frac{1}{n}\right)^k,$$

$$(4) \quad \mathrm{mod.}\,\frac{A_{p-l}x^{m-p+l}}{A_p x^{m-p}} = \mathrm{mod.}\,\frac{A_{p-l}}{A_p}\times x^l \leqq \left(\frac{1}{L}\right)^l\left(\frac{1}{n'}L\right)^l \qquad \text{ou} \qquad \left(\frac{1}{n'}\right)^l.$$

La formule (3) montre que les modules des termes qui suivent $A_p x^{m-p}$ décroissent plus vite que ceux d'une progression géométrique de raison $\frac{1}{n}$. Leur somme a un module inférieur à

$$\mathrm{mod.}\, A_p x^{m-p}\left(\frac{1}{n} + \frac{1}{n^2} + \cdots\right) = \mathrm{mod.}\, A_p x^{m-p}\times\frac{1}{n-1}.$$

De même, d'après la formule (4), la somme des termes qui précèdent $A_p x^{m-p}$ est inférieure à

$$(5) \qquad \mathrm{mod.}\, A_p x^{m-p}\times\frac{1}{n'-1}.$$

Ainsi le module S de la somme des termes différents de $A_p x^{m-p}$ satisfait à l'inégalité

$$S \leqq \mathrm{mod.}\, A_p x^{m-p}\left(\frac{1}{n-1} + \frac{1}{n'-1}\right).$$

On sera certain que S est inférieur à mod. $A_p x^{m-p}$, si l'on pose

$$\frac{1}{n-1} < \frac{1}{2}, \qquad \frac{1}{n'-1} < \frac{1}{2},$$

d'où

$$n > 3, \qquad n' > 3, \qquad K = \frac{1}{nn'}\,L < \frac{1}{9}\,L. \qquad\qquad \cdot$$

Pour la valeur de x considérée, le terme $A_p x^{m-p}$ ne peut pas se réduire avec la somme des autres, puisque cette somme a un module inférieur à celui de $A_p x^{m-p}$. L'équation n'est pas satisfaite.

En résumé, si $3K < \dfrac{L}{3}$, *les racines de l'équation* (1) *se partagent en deux groupes ; les unes ont leur module inférieur à* $3K$; *pour les autres, le module est supérieur à* $\dfrac{L}{3}$.

Maintenant, je suppose de plus K négligeable devant L, à l'approximation ε ; c'est-à-dire $K < \varepsilon L$, d'où l'on déduit $3K < 9\varepsilon \cdot \dfrac{L}{3}$. Le premier groupe de racines sera séparé du second, à l'approximation 9ε. C. Q. F. D.

3° Pour passer à la troisième partie du théorème, supposons, pour fixer les idées, qu'on ait $K = \dfrac{L}{3000}$. Toute racine du groupe inférieur à $3K$ est plus petite que $\dfrac{L(^*)}{1000}$. D'après la formule (5), elle rend la somme des termes qui précèdent $A_p x^{m-p}$ plus petite que $\dfrac{A_p x^{m-p}}{999}$ et même, on peut le voir, plus petite que $\dfrac{A_p x^{m-p}}{1000}$. Si l'on néglige ces termes, on aura des valeurs approchées des racines inférieures à $3K$ qui satisferont à l'équation proposée, avec l'approximation de $\dfrac{1}{1000}$, puisque le résidu sera plus petit que $\dfrac{A_p x^{m-p}}{1000}$.

De même, si l'on néglige les termes qui suivent $A_p x^{m-p}$, on a, pour les racines supérieures à $\dfrac{L}{3}$, des valeurs approchées qui satisfont à l'équation à l'approximation de $\dfrac{1}{1000}$.

Le théorème qu'on vient d'établir conduit à la méthode suivante.

5. Méthode pour la résolution numérique complète d'une équation algébrique quelconque. — On forme le nombre de transformées nécessaire pour séparer les racines qui sont distinctes à l'approximation du calcul. Dès lors l'équation se sépare en fragments tels que chacun d'eux donne les racines d'égal module. La détermination de ces fragments résulte du théorème fondamental. La résolution de chaque équation partielle pourra être terminée comme il suit :

1° Supposons d'abord les coefficients réels, et imaginons qu'on ait divisé les racines par leur module commun, de façon à ramener ce module à l'unité. L'équation ne pourra plus avoir comme racines réelles que ± 1 dont on se débarrassera s'il y a lieu ; quant à ses racines imaginaires, elles seront conjuguées deux à deux, et par suite inverses l'une de l'autre. L'équation pourra donc être traitée par la méthode des équations réciproques. L'équation résolvante aura toutes ses racines réelles et pourra être résolue par une nouvelle application de la méthode.

2° Supposons que l'équation partielle ait des coefficients imaginaires. On transforme, comme dans le premier cas, l'équation de façon que ses racines aient pour module l'unité. Les affixes des racines sont alors disposées d'une façon inconnue sur le cercle de rayon 1 qui a pour centre l'origine. Il suffit donc de faire

---

(*) On peut même assigner à ce groupe la limite $\dfrac{L}{1500}$.

avec M. Goursat, une substitution linéaire qui transforme ce cercle en l'axe des quantités réelles, pour ramener toutes les racines à être réelles. On emploiera avantageusement la transformation

$$\frac{1+iz}{1-iz} = x = e^{i\theta}, \qquad \text{d'où} \qquad z = -i\,\frac{x-1}{x+1} = \operatorname{tg}\frac{\theta}{2}.$$

L'équation en z a toutes ses racines réelles et peut être résolue par une nouvelle application de la méthode. Elle fait connaître les valeurs de l'argument θ de l'inconnue x.

6. Formation de la transformée aux carrés changés de signes des racines. — Soit l'équation

$$(1) \quad 0 = f(x) = x^m + A_{m-1}x^{m-1} + A_{m-2}x^{m-2} + \ldots + A_1 x + A_0 = \varphi(x^2) + x\psi(x^2),$$

les polynômes
$$\varphi(x^2) = A_0 + A_2 x^2 + \ldots,$$
$$x\psi(x^2) = A_1 x + A_3 x^3 \ldots,$$

représentant la somme des termes de degré pair et la somme des termes de degré impair. Je pose

$$(2) \qquad y = -x^2,$$

et j'élimine x entre les équations (1) et (2). Pour cela, je remplace dans l'équation (1) x^2 par $-y$. J'obtiens

$$(3) \qquad \varphi(-y) + x\psi(-y) = 0.$$

Puis, de cette équation, je tire la valeur de x que je porte dans l'équation (2). Il vient, après avoir chassé les dénominateurs,

$$(4) \qquad \varphi^2(-y) + y\psi^2(-y) = 0.$$

Le système des équations (3), (4) est équivalent au système (1), (2). L'équation (4) est de degré m, comme l'équation (1), et donnera m racines. Connaissant l'une d'elles, on pourra tirer de l'équation (3) la valeur correspondante de x. Cette observation est inutile quand on sait que la valeur de x est réelle et positive, car il suffit alors d'extraire la racine carrée de $-y$; mais elle devient précieuse quand on ignore la nature des solutions de l'équation donnée. Elle lève l'hésitation qui provient des deux racines carrées de $-y$.

Quelle est maintenant la loi de formation des termes de l'équation (4) ?

Cherchons par exemple les termes en y^{2p}. L'un d'eux est le carré du terme de degré p dans $\varphi(-y)$, lequel répond au terme du degré $2p$ dans $\varphi(x^2)$.

Ce terme est donc $A_{2p}^2 y^{2p}$.

Dans le développement du carré de $\varphi(-y)$, on trouve aussi les doubles produits des termes équidistants de $A_{2p}y^p$. Les termes ainsi accouplés étant affectés du même signe, leur produit a le signe $+$. On aura donc dans l'équation (4) les termes

$$+\, 2A_{2p-2}A_{2p+2}y^{2p} + 2A_{2p-4}A_{2p+4}y^{2p} \ldots$$

Dans le développement de $y\psi^2(-y)$, les termes de degré $2p$ proviennent des termes en y^{2p-1} de $\psi^2(-y)$. Or ceux-ci sont les doubles produits des termes y^{p-1} et y^p, y^{p-2} et y^{p+1}, … de $\psi(-y)$. Comme les termes de $\psi(-y)$ sont affectés alternativement de signes contraires, les doubles produits sont affectés du signe —. De plus, le terme en y^p de $\psi(-y)$ répond au terme en x^{2p+1} de $f(x)$. Son coefficient est donc A_{2p+1}. D'après cela, les termes de degré $2p$ dans le développement de $y\psi^2(-y)$ sont

$$- 2A_{2p-1}A_{2p+1}y^{2p} - 2A_{2p-3}A_{2p+3}y^{2p} \ldots$$

J'ai considéré, dans l'équation (4), les termes d'un degré pair $2p$. En considérant de même les termes d'un degré impair, on trouve la même loi, savoir :

RÈGLE. — *Le coefficient d'un terme quelconque de la transformée égale le carré du coefficient correspondant de l'équation donnée, moins le double produit des deux coefficients qui le comprennent, plus le double produit des coefficients qui comprennent ceux-ci, et ainsi de suite jusqu'à ce qu'on arrive à un des termes extrêmes de l'équation.*

7. Application. — Soit l'équation

$$x^3 - 7x + 7 = 0,$$

proposée par Lagrange (*).

Voici, sans omettre un seul chiffre, la reproduction fidèle du calcul des transformées successives :

	x^3	x^2	x^1	x^0
2^0	$+ 1$	0	$- 7$	$+ 7$
		0	$+ 1.49$ (**)	
		$+ 1.14$	0	
2^1		$+ 1.14$	$+ 1.49$	$+ 1.49$
		$+ 2.196$	$+ 3.2401$	
		$- 98$	$- 1372$	
2^2		$+ 1.98$	$+ 3.1029$	$+ 3.2401$
		$+ 3.961$	$+ 6.1059$	
		$- 2058$	$- 471$	
2^3		$+ 3.7552$	$+ 5.588$	$+ 6.577$
		$+ 7.5700$	$+ 11.3458$	
		$- 117$	$- 871$	
2^4		$+ 7.5583$	$+ 11.2587$	$+ 13.333$
		$+ 15.3110$	$+ 22.6693$	
		$\rangle\rangle$	$- 371$	
2^5		$+ 15.3119$	$+ 22.6322$	$+ 27.1109$
		$+ 30.972$	$+ 45.3995$	
		$\rangle\rangle$	$- 7$	
2^6	$+ 1$	$+ 30.972$	$+ 45.3988$	$+ 54\ 1230$

<hr>

(*) *Traité de la résolution des équations numériques*, chap. IV.

(**) A cause des élévations au carré répétées, les coefficients augmentent de façon à contenir un

Exécuté avec la règle à calcul (*), il est disposé en Table à double entrée.

Les en-tête 2^0, 2^1, 2^2, ..., qui affectent les lignes, indiquent que ces lignes présentent les coefficients de l'équation où l'inconnue est respectivement x, $-x^2$, $-x^4$, ... Quant aux puissances de l'inconnue affectées par les divers coefficients d'une même ligne, elles sont marquées par les en-tête de colonnes x^3, x^2, x^1, x^0. Ainsi la lecture de la dernière ligne 2^6 nous apprend que l'équation

$$y^3 + 30.972\ y^2 + 45.3988\ y + 54.1230 = 0$$

a pour racines les valeurs de $-x^{2^6}$ ou $-x^{64}$.

On voit qu'à partir de cette transformée, chaque ligne se déduirait de la précédente en élevant au carré les nombres qu'elle contient, *les doubles produits se trouvant négligeables devant ces carrés*. Nous dirons que chacun des coefficients est devenu *régulier*. Sans doute on est arrivé à ce point où toutes les racines sont séparées.

Un simple coup d'œil jeté sur les caractéristiques montre que les conditions du théorème fondamental sont satisfaites ; on a donc, en désignant par a, b, c les valeurs absolues des racines,

$$a^{64} = 30.972, \quad 64 \log a = 30,988, \quad \log a = 0,48418, \quad a = 3,049,$$
$$(ab)^{64} = 45.3988, \quad 64 \log ab = 45,601, \quad \log b = 0,22833, \quad b = 1,692,$$
$$(abc)^{64} = 54.1230, \quad 64 \log abc = 54,090, \quad \log c = 0,13259, \quad c = 1,357.$$

On reconnaît immédiatement les signes des racines, soit en considérant leur somme et leur produit, soit en mettant l'équation proposée sous la forme

$$x(x^2 - 7) + 7 = 0.$$

On a ainsi pour les racines les valeurs

$$\alpha = -3,049,$$
$$\beta = +1,692,$$
$$\gamma = +1,357.$$

8. La rapidité des calculs est, on le voit, surprenante, surtout si l'on observe que l'approximation obtenue est généralement suffisante pour les besoins de la Physique et de l'art de l'ingénieur. On peut cependant encore les abréger en posant $x = y\sqrt[3]{7}$, puis, divisant par 7 les deux membres de l'équation en y, dans le but d'amener les deux coefficients extrêmes à avoir pour valeur l'unité. De cette façon on évite la difficulté de former les carrés des termes extrêmes et les doubles produits de ces termes par les autres termes. Ainsi, dans l'équation du troisième degré, pour déduire chaque transformée de la précédente, on vient de voir qu'il y avait quatre opérations à faire avec la règle à calcul, les carrés des trois derniers termes et le double produit du dernier terme par l'antépénultième.

Avec la simplification que je viens d'indiquer, les carrés des coefficients de x^2 et x^4 se feront seuls avec la règle à calcul, les résultats des deux dernières opérations seront immédiatement connus. Enfin, dans ce cas, comme il n'y a que des carrés à former, on pourra avantageusement remplacer la règle à calcul par une Table des carrés des nombres. Ces diverses simplifications réduisent le travail de moitié environ. Si l'approximation obtenue ne suffisait pas, on trouverait rapidement des valeurs beaucoup plus approchées des racines par une méthode analogue à celle de Newton, mais qui, étant basée sur notre théorème fondamental, présente, sur celle de Newton, l'avantage d'être toujours et immédiatement applicable.

§ II. — Pratique de la méthode.

9. Caractères auxquels on reconnaît la nature des racines. — Me bornant au cas où les coefficients sont réels, j'examinerai trois hypothèses sur la nature des racines et les caractères qui en résultent pour les transformées successives :

1º *Les racines sont toutes réelles.* — Alors les transformées, à partir de 2^1, ont toutes les racines négatives ; par suite les coefficients sont positifs. C'est le cas de l'exemple (n° 7). Si les valeurs absolues de toutes ces racines sont de plus distinctes, tous les coefficients deviendront *réguliers*.

2º *L'équation a une racine multiple réelle séparée des autres.* — Soit $x_p = x_{p+1}$ une racine double. Les coefficients A_{p-1} et A_{p+1} sont réguliers ; quant au coefficient A_p, il a pour valeur principale

$$x_1 x_2 \ldots x_{p-1} (x_p + x_{p+1}) = 2a_1 a_2 \ldots a_{p-1} a_p.$$

Je passe au calcul du terme correspondant de la transformée suivante.

J'ai d'abord le carré du coefficient précédent

$$(1) \qquad + 4a_1^2 a_2^2 \ldots a_{p-1}^2 a_p^2 ;$$

puis, avec le signe —, le double produit des deux termes qui le comprennent

$$(2) \qquad - 2x_1 x_2 \ldots x_{p-1} x_1 x_2 \ldots x_{p-1} x_p x_{p+1} = - 2a_1^2 a_2^2 \ldots a_{p-1}^2 a_p^2.$$

Les autres doubles produits sont négligeables. La somme algébrique des termes (1) et (2) est

$$+ 2a_1^2 a_2^2 \ldots a_p^2.$$

En résumé, les termes A_{p-1} et A_{p+1} sont réguliers. Le coefficient A_p, sans être régulier à proprement parler, n'est pas non plus entièrement irrégulier, le carré de ce coefficient subissant une correction de double produit égale à la moitié de ce carré, égale aussi au résultat de la correction.

La même analyse s'applique à une racine d'un degré de multiplicité quelconque.

3º *Considérons enfin un couple de racines imaginaires.* — Soient x_p et x_{p+1} ces racines de module a_p et d'argument θ. Je les suppose séparées des autres : les coefficients A_{p-1} et A_{p+1} sont réguliers ; de plus, on a

$$A_p = x_1 x_2 \ldots x_{p-1} (x_p + x_{p+1}) = 2a_1 a_2 \ldots a_{p-1} a_p \cos \theta.$$

Pour le terme correspondant de la transformée, on aura

$$\left. \begin{array}{l} 4a_1^2 a_2^2 \ldots a_p^2 \cos^2 \theta \\ -2a_1^2 a_2^2 \ldots a_p^2 \end{array} \right\} = 2a_1^2 a_2^2 \ldots a_p^2 \cos 2\theta.$$

Les angles θ, 2θ, $2^2\theta$, ... varient rapidement, de façon à passer souvent d'un quadrant à un autre. Aussi le terme A_p change-t-il souvent de signe. C'est là un trait caractéristique des racines imaginaires.

Les relations précédentes, qui se vérifient exactement à partir de la transformée qui sépare les racines, sont seulement approchées, mais de plus en plus à mesure qu'on approche de cette transformée finale. Cela dispense de calculer les transformées suivantes pour constater que les caractères en question persistent.

Je vais maintenant donner quelques exemples.

10. Premier exemple. — À partir de la première transformée, l'équation a une racine double.

Soit l'équation $\qquad x^3 - x^2 - 2x + 2 = 0.$

Le calcul, disposé comme dans le premier exemple, est fait également avec la règle à calcul.

	x^3	x^2	x^1	x^0
2^0	$+1$	-1	-2	$+2$
		$+1$	$+4$	
		$+4$	$+4$	
2^1		$+5$	$+8$	$+4$
		$+1.25$	$+1.64$	
		-16	-40	
2^2		$+0.9$	$+1.24$	$+1.16$
		$+1.81$	$+2.576$	
		-48	-288	
2^3		$+1.33$	$+2.288$	$+2.236$
		$+3.1089$	$+4.829$	
		-576	-169	
2^4		$+2.513$	$+4.660$	$+4.6553$
		$+5.2633$	$+9.436$	
		-1320	-7	
2^5	$+1$	$+5.1313$	$+9.429$	$+9.4295$

L'ensemble des transformées présente le caractère des racines toutes réelles. La transformée 2^5 montre que le module de la dernière racine est $c = 1$; de plus, le coefficient de x^2 est sensiblement égal à la correction du double produit; donc les deux premières racines sont égales. Leur valeur commune est donnée par l'une des deux relations

$$2a^5 = 5.1313, \qquad a^2 \times a^5 = 9.429,$$

l'autre servant de vérification. On en déduit

$$a^{32} = 4.0565, \qquad \log a = 0,1505,$$
$$32 \log a = 4.8172, \qquad a = 1,414.$$

Vérification. — Pour fixer les signes, on substitue dans l'équation mise sous la forme

$$x(x^2 - 2) = x^2 - 2,$$

laquelle montre clairement que les racines sont

$$\left.\begin{array}{c} \alpha \\ \beta \end{array}\right\} = \pm \sqrt{2} = \pm 1,414, \qquad \gamma = +1.$$

11. Deuxième exemple. — Je considère l'équation plus difficile proposée par Fourier (*)

$$x^7 - 2x^5 - 3x^3 + 4x^2 - 5x + 6 = 0.$$

J'épargne au lecteur le calcul des cinq premières transformées ; il reste :

	x^7	x^6	x^5	x^4	x^3	x^2	x^1	x^0
2^0	+1	0	— 2	0	— 3	+ 4	— 5	+ 6
2^1		+ 4	— 2	— 2	+ 29	— 14	— 23	+ 36
2^2		+ 1.20	+ 1.78	+ 1.54	+ 2.589	+ 3.1386	+ 3.1537	+ 3.1296
2^3		+ 2.244	+ 3.510	— 4.366	+ 5.385	+ 5.250	— 6.123	+ 6.1680
2^4		+ 4.494	+ 7.446	— 9.247	+11.1534	+11.886	+11.674	+12.2822
2^5		+ 9.235	+15.2233	—18.751	+22.2797	+23.564	—24.4556	+24.797
		+18.552	+30.498	+37. 564	+44.784	+47.318	+49.2073	
		—15. 4	+28. 4	—38.1250	+41. 9	+47.256	—48. 900	
		—22. »	+33. »	—40. »	—44. »			
			+ »	— »				
2^6	+1	+18.5516	+30.502	—37. 686	+44.785	+47.574	+49.1173	+49.635
					+ 1	+ 2.732	+ 4.1495	+ 4.809
						+ 5.536	+ 8.2235	
						— 4. 299	— 8.1184	
2^7						+ 5.506	+ 8.105	+ 9.654
						+11.256	+16.1102	
						— 8. 2	—15. 662	
2^8					+ 1	+11.2558	+15. 440	+19.428

(*) *Traité de la résolution des équations numériques,* page 111.

En regardant les signes des transformées successives, on voit que les deux premières racines sont réelles, le couple suivant imaginaire; la racine suivante réelle et le dernier couple imaginaire. Les cinq premiers termes de la transformée 2^6 donnent les modules séparés des quatre premières racines; les derniers, à partir de x^3, forment une équation du troisième degré. J'y ai ramené à l'unité le coefficient du premier terme x^3; puis, pour séparer la racine réelle des deux autres, j'ai poussé jusqu'à la transformée 2^8. On déduit de là, en désignant par α, β, γ les racines réelles, par $re^{i\theta}$, $se^{i\omega}$ les racines imaginaires,

$$(1)\quad\begin{cases} (^*)\log a^{64} = +18{,}7416 & \log c^{256} = 11{,}4079 \\ \log (ab)^{64} = +30{,}7007 & \log 2(cs)^{256}\cos 256\omega = 15{,}6435 \\ \log 2(abr)^{64}\cos 64\theta = -37{,}8363 & \log (cs^2)^{256} = 19{,}6314 \\ \log (abr^2)^{64} = +44{,}8949 \end{cases}$$

Voici d'abord le calcul des racines réelles déduit des égalités (1) :

$$(2)\quad\begin{cases} 64\log a = 18{,}7416 & \log a = 0{,}2922 & a = 1{,}960 \\ 64\log b = 11{,}9591 & \log b = 0{,}1869 & b = 1{,}538 \\ 256\log c = 11{,}4079 & \log c = 0{,}0451 & c = 1{,}109 \end{cases}$$

Pour déterminer les signes de ces racines, je dois substituer les valeurs obtenues dans l'équation proposée mise sous la forme (n° 6)

$$x(x^6 - 2x^4 - 3x^2 - 5) + 4x^2 + 6 = 0.$$

D'après cela, γ est visiblement positif. De plus, le produit des trois racines étant négatif, une des racines α ou β est positive et l'autre négative; c'est visiblement la première qui est négative. On a donc finalement

$$(3)\qquad \alpha = -1{,}960, \qquad \beta = +1{,}538, \qquad \gamma = +1{,}109.$$

Pour les modules des deux couples imaginaires, on déduit des égalités (1)

$$(4)\quad\begin{cases} \log (r^2)^{64} = 14{,}1942 & \log (s^2)^{256} = 8{,}6235 \\ \log r = 0{,}1091 & \log s = 0{,}0168 \\ r = 1{,}286 & s = 1{,}039 \end{cases}$$

Veut-on les arguments? On peut obtenir d'abord $\cos 64\theta$ et $\cos 256\omega$ ainsi :

$$(5)\quad\begin{cases} \log r^{64} = 7{,}0971 & \log s^{256} = 4{,}3117 \\ \log 2r^{64} = +7{,}3981 & \log 2s^{256} = +4{,}6127 \\ \log 2r^{64}\cos 64\theta = -7{,}1356 & \log 2s^{256}\cos 256\omega = +4{,}2356 \\ \hline \log \cos 64\theta = -0{,}7375 & \log \cos 256\omega = +\overline{1}{,}6229 \end{cases}$$

$$64\theta = 56°{,}1 + 180° + k.360° \qquad 256\omega = 65°{,}2 + k'.360°$$

Pour lever l'indécision qui résulte des élévations au carré répétées, on peut

---

remonter les transformées successives jusqu'à l'équation proposée en écrivant chaque équation sous la forme (n° 6)

$$x\varphi(x^2) + \psi(x^2) = 0$$

et y remplaçant x^2 par la dernière valeur obtenue. Dans l'exemple actuel, où le nombre des couples imaginaires ne dépasse pas deux, on peut encore s'adresser aux relations entre les coefficients et les racines, savoir

$$(6) \quad \begin{cases} \alpha + \beta + \gamma + 2r\cos\theta \ + 2s\cos\omega \ = 0, \\[2mm] \dfrac{1}{\alpha} + \dfrac{1}{\beta} + \dfrac{1}{\gamma} + 2r^{-1}\cos\theta + 2s^{-1}\cos\omega = +\dfrac{5}{6}\cdot \end{cases}$$

On en tirerait les valeurs de θ et de ω.

On obtient

$$(7) \quad \theta = 59°,95, \qquad \omega = 72°,87.$$

L'équation proposée est complètement résolue par les formules (3), (4) et (7).

12. Troisième exemple :

$$(1) \quad x^4 + 4,002x^3 + 14,01801x^2 + 20,03802x + 25,07005 = 0.$$

Voici le calcul de la transformée 2^8 de cette équation :

	x^4	x^3	x^2	x^1	x^0.
		. . . .	. . . .	. . . .	. . . .
2^7	$+1$	-45.2234	$+90.1952$	-134.785	$+179.1236$
	$+1$	$+90.499$	$+180.381$	$+269.616$	$+358.1528$
		-90.3904	-180.351	-269.483	
			$+135.$ »		
2^8	$+1$	$+90.1086$	$+179.30$	$+269.133$	$+358.1528$

Les signes ($-$) des coefficients de x^3 et x^1, dans la transformée 2^7, prouvent que l'équation proposée a deux couples de racines imaginaires. De plus, l'influence des doubles produits ne manifeste aucune tendance à disparaître dans le terme en x^2. Le premier couple n'est donc pas près d'être séparé du second (n° 9). Nous devons regarder les deux couples comme ayant le même module (n° 3). Dès lors, pour résoudre l'équation proposée, je ramène d'abord le module des quatre racines à l'unité en les divisant par leur module commun $r = \sqrt{25,07005}$ (n° 5). J'obtiens la nouvelle équation

$$(2) \quad y^4 + 1,7885y^3 + 2,7997y^2 + 1,7885y + 1 = 0.$$

Appliquant la méthode des équations réciproques (n° 5), je groupe les termes équidistants des extrêmes, je divise par y^2 et je pose $y + \dfrac{1}{y} = z$; il vient pour l'équation résolvante

$$(3) \quad z^2 + 1,7885z + 0,7997 = 0.$$

A une racine $re^{\theta i}$ de l'équation (1) répond la racine $e^{\theta i}$ de l'équation (2) et la racine $z = e^{\theta i} + e^{-\theta i} = 2\cos\theta$ de l'équation (3). Or cette équation (3) a une racine double, car on a

$$\frac{p}{2} = +0{,}894\ 25$$

$$\frac{p^2}{4} = +0{,}799\ 68$$

$$q = +0{,}799\ 7$$

$$\overline{\frac{p^2}{4} - q = \quad 0}$$

On a donc, pour l'argument commun des deux couples de racines,

$$\cos\theta = -\frac{1}{2}\frac{p}{2} = -0{,}44712, \qquad \log\cos\theta = -\overline{1}{,}65042,$$

$$\theta = 180^\circ - (63^\circ 26' 30'').$$

Ce n'est là, en réalité, qu'une approximation ; les racines ne sont pas rigoureusement égales ; leurs valeurs, connues *a priori*, sont

$$-1{,}001 \pm 2{,}003\sqrt{-1}, \qquad -1{,}000 \pm 2{,}000\sqrt{-1},$$

d'où l'on déduit pour les arguments

$$180^\circ - (63^\circ 26' 47''), \qquad 180^\circ - (63^\circ 26' 5'').$$

§ III. — Méthode d'approximation.

13. Soit α la valeur approchée, réelle ou imaginaire, obtenue par une première application de la méthode de Gräffe pour une des racines distinctes ou non de l'équation

$$(1) \qquad 0 = f(x) = A_0 x^m + A_1 x^{m-1} + \ldots + A_m.$$

Cette valeur suffit, dans la plupart des cas, aux ingénieurs et aux physiciens. Mais, comme il n'en sera pas ainsi dans toutes les recherches, il importe de donner une règle mécanique, un moyen sûr et rapide d'obtenir une valeur aussi approchée que l'on veut, sans qu'il soit nécessaire de se préoccuper de certaines conditions théoriques, comme dans la méthode de Newton, par exemple.

Je pose

$$(2) \qquad x = \alpha + z,$$

il vient

$$(3) \qquad 0 = f(\alpha + z) = f(\alpha) + \frac{z}{1}f'(\alpha) + \frac{z^2}{1.2}f''(\alpha) + \cdots + \frac{z^m}{m!}f^m(\alpha).$$

On verra que cette équation est toujours très facile à résoudre, avec telle approximation que l'on veut, qu'on sait toujours à l'avance exactement quel est l'effort à faire, quels sont les nombres à calculer pour n'exécuter aucun calcul superflu. Mais, comme la formation de l'équation en z serait difficile par la formule (3), il importe d'abord de donner pour cette opération un procédé pratique.

14 Méthode pour obtenir le développement de l'équation $0 = f(\alpha + z)$. — Il s'agit de calculer, au moyen de α et des coefficients A de l'équation (1), les coefficients B de la formule

(4) $$f(\alpha + z) = B_0 z^m + B_1 z^{m-1} + \cdots + B_{m-1} z + B_m.$$

Pour cela, dans la formule (4), je remplace z par sa valeur $x - \alpha$ tirée de (2). Il vient

(5) $$f(x) = B_0(x - \alpha)^m + B_1(x - \alpha)^{m-1} + \cdots + B_{m-1}(x - \alpha) + B_m$$

Cette formule met en évidence les conclusions suivantes :

1° *Si l'on divise* $f(x)$ *par* $x - \alpha$, *le reste représente* B_m *et le quotient représente*

$$B_0(x - \alpha)^{m-1} + B_1(x - \alpha)^{m-2} + \cdots + B_{m-2}(x - \alpha) + B_{m-1}.$$

2° *Si l'on divise ce quotient par* $x - \alpha$, *le nouveau reste représente* B_{m-1}, *le nouveau quotient représente*

$$B_0(x - \alpha)^{m-2} + B_1(x - \alpha)^{m-3} + \cdots + B_{m-2}, \qquad \textit{et ainsi de suite.}$$

Or la division du polynome $f(x)$ par $x - \alpha$ se fait par la règle bien connue que voici :

1° *Le premier coefficient du quotient est* A_0.

2° *Chaque coefficient du quotient se déduit du précédent en le multipliant par* α, *et ajoutant le coefficient du terme du dividende qui a même degré que ce terme précédent du quotient.*

3° *Le reste s'obtient en formant un terme de plus par la même règle.*

Ainsi le calcul de l'équation en z se fera d'une façon uniforme ; je vais montrer par un exemple la disposition qu'il convient d'adopter dans ce calcul.

15. Application de la méthode pour la formation de $f(\alpha + z)$ **à un exemple. — Règle pratique.** — Reprenons l'équation

(1) $$f(x) = x^3 - 7x + 7 = 0.$$

Nous avons obtenu la racine approchée (n° 7)

$$\alpha = -3,049.$$

Pour rendre plus commode l'usage de la Table de multiplication de Crelle, je remplace cette valeur par $-3,05$. J'applique les résultats précédents à la formation de l'équation $f(\alpha + z)$. J'obtiens le calcul suivant dont la disposition est expliquée par la règle pratique ci-dessous :

$A_0.$	$A_1.$	$A_2.$	$A_3.$
$+1$	0	-7	$+7$
	$-3,05$	$+9,3025$	$-7,02\ 2625$
$+1$	$-3,05$	$+2,3025$	$-0,02\ 2625 = B_3$
	$-3,05$	$+18,605$	
$+1$	$-6,10$	$+20,9075 = B_2$	
	$-3,05$		
$+1$	$-9,15 = B_1$		
$+1 = B_0$			

Résultat :

$$f(x+z) = z^3 - 9,15z^2 + 20,9075z - 0,02\,2625.$$

Règle pratique. — Écrire sur une première ligne les coefficients du polynome $f(x)$; laisser une ligne en blanc et la souligner. Dans la troisième ligne, le premier coefficient cherché sera le même que dans la première; puis, pour en calculer un coefficient quelconque, multiplier le dernier nombre obtenu à la troisième ligne par la valeur approchée de la racine ($x = -3,05$); écrire le produit à la deuxième ligne dans la colonne suivante et ajouter les deux nombres qui se trouvent alors dans cette colonne. Souligner le dernier coefficient obtenu à la troisième ligne. On passera de même de la troisième à la cinquième ligne en négligeant le coefficient souligné, et ainsi de suite. Ces coefficients soulignés sont ceux de l'équation en z.

16. J'ai maintenant à résoudre l'équation

$$(2) \qquad z^3 - 9,15z^2 + 20,9075z - 0,022\,625 = 0;$$

seulement celle des valeurs de z que je cherche est voisine de 0,001 ; je suis conduit à multiplier par 1000 les racines de l'équation, pour que z soit évalué en unités du premier chiffre inconnu de la racine. Il vient

$$(3) \qquad z^3 - 9150z^2 + 20\,907\,500z - 22\,625\,000 = 0.$$

Si je néglige les deux premiers termes, je connaîtrai z avec trois chiffres ; car ces termes altèrent seulement les cinq derniers chiffres du terme constant. J'ai ainsi

$$z = \frac{+22\,625}{20\,907} = +1,081 \qquad \text{(Règle à calcul)};$$

d'où l'on déduit pour x la valeur

$$\begin{aligned} &-3,05 \\ + \quad &1081 \\ \hline x =\; &-3,048919 \end{aligned}$$

Si cette approximation ne suffit pas, on négligera seulement le premier terme. On pourrait alors connaître z avec sept ou huit chiffres exacts, en résolvant par la méthode de Gräffe l'équation du second degré obtenue. On s'aiderait avantageusement de la Table de multiplication de Crelle.

Mais il est encore plus rapide de remplacer z par sa valeur approchée dans le terme en z^2 ou bien encore de chercher la transformée en $u = z - 1,08$ de l'équation (3) en négligeant le premier terme, enfin de résoudre l'équation en u, limitée aux deux derniers termes. Dans cette deuxième manière de procéder, la méthode coïncide ici avec celle de Newton.

Voici ce nouveau calcul, en se bornant à chercher trois chiffres pour u.

Les deux membres de l'équation (3) ont été divisés par 10^7. Les calculs sont faits par tranches de trois chiffres (système à base 1000) avec les Tables de Crelle :

$$
\begin{array}{ccc}
A_0. & A_1. & A_2. \\
-\overline{4}.915 & +2,09\ 075 & -2,26\ 250 \\
» & -\quad\quad 99 & +2,25\ 694 \\
\hline
-\overline{4}.915 & +2,08\ 976 & -0,00\ 556 = B_2 \\
 & -\quad\quad 99 & \\
\hline
-\overline{4}.915 & +2,08\ 877 = B_1 & \\
-\overline{4}.915 = B_0 & &
\end{array}
$$

De là on déduit pour u, évalué en unités du premier chiffre cherché,

$$
u = \frac{556}{208,877} = 2,66 \qquad \text{(Règle à calcul).}
$$

On obtient ainsi pour x

$$
\begin{array}{r}
-3,04\ 892 \\
+\quad\quad\quad 266 \\
\hline
x = -3,04\ 891\ 734
\end{array}
$$

Il importe de bien remarquer que tout ceci n'est pas un résumé des calculs, obtenu en supprimant les opérations fastidieuses : c'est la reproduction fidèle de mon calcul même, sans omettre un seul chiffre.

17. Calcul des inverses des racines. — Simplification. — L'équation aux inverses des racines admet les mêmes coefficients que l'équation donnée, de sorte que la transformée finale permet aussi bien de calculer les inverses des racines que ces racines elles-mêmes. Quand le terme constant de l'équation est ramené à l'unité, l'inverse de la plus petite racine de la dernière transformée est égal au coefficient du terme en x. Cette remarque nous sera particulièrement utile dans le paragraphe suivant pour la résolution des équations transcendantes. Il est, dès lors, intéressant de voir comment il faut modifier notre méthode d'approximation pour calculer la correction à porter, non plus à la racine, mais à son inverse. Soit donc α la valeur approchée de l'inverse d'une des racines de l'équation

$$
(1) \qquad A_0 + A_1 x + A_2 x^2 + \cdots + A_{m-1} x^{m-1} + A_m x^m = 0.
$$

Je pose

$$
x = \frac{1}{\xi}
$$

l'équation (1) devient

$$
(2) \qquad A_0 \xi^m + A_1 \xi^{m-1} + \cdots + A_{m-1} \xi + A_m = 0.
$$

Pour calculer la correction z, je remplace ξ par sa valeur $\alpha + z$ dans l'équation (2). Le développement de l'équation en z s'obtient par la règle pratique (n° 15). Il n'y aura donc d'autre changement que celui qui consiste à renverser l'ordre du calcul, c'est-à-dire à commencer par le terme constant de l'équation (1), et ce changement lui-même disparaît si l'on a eu soin d'ordonner l'équation (1), comme je l'ai fait, par rapport aux puissances croissantes de x, au lieu de l'ordonner par rapport aux puissances décroissantes. Il importe d'ajouter que, la racine que l'on cherche de l'équation en z étant voisine de 0, ce seront les derniers termes de l'équation en z qui influeront particulièrement sur le calcul de cette racine. On pourra donc s'arrêter dans le sens vertical du calcul précédent quand on arrivera au coefficient d'une puissance de z, telle que le terme correspondant de l'équation soit négligeable, ce qu'on apercevra rapidement si l'on a soin d'exprimer z en unités du premier chiffre inconnu de la racine ξ.

§ IV.— Extension de la méthode à la résolution numérique complète d'une équation transcendante dont le premier membre est une fonction holomorphe de la variable.

18. Définition du problème. — Une équation transcendante est susceptible d'une infinité de racines. Ainsi l'équation

$$e^x = \rho(\cos \varphi + i \sin \varphi)$$

a des racines en nombre infini données par la formule

$$x = \log \rho + i\, (\varphi + 2k\pi)$$

et obtenues en attribuant à k toutes les valeurs entières de $-\infty$ à $+\infty$.

Il est clair que la résolution numérique ne peut pas embrasser cette infinité de solutions dont les modules dépassent toute limite, et l'on ne conçoit guère que la Science appliquée puisse poser un pareil problème. Nous dirons donc que la résolution *numérique complète* consiste à trouver toutes les racines comprises dans un cercle donné aussi grand qu'on voudra, et avec telle approximation qu'on voudra.

19. Théorie. — Soit $f(x)$ une fonction que je suppose d'abord holomorphe dans tout le plan. On peut la développer suivant la formule de Taylor

$$(1) \qquad f(x) = f(0) + xf'(0) + \frac{x^2}{1.2}f''(0) + \cdots + \frac{x^n}{n!}f^n(0) + R.$$

Je suppose $f(0) \neq 0$; s'il en était autrement, je considérerais la fonction $\dfrac{f(x)}{x}$, qui serait holomorphe, comme la première.

Dès lors, on peut trouver un rang n pour lequel R sera négligeable devant $f(0)$ pour toutes les valeurs de x comprises dans le cercle donné.

Si donc on néglige R, on aura des racines satisfaisant à l'équation proposée à l'approximation demandée.

L'équation, ainsi limitée au terme de degré n, pourra être résolue par la méthode de Gräffe. Les calculs se font ici en commençant par les termes des degrés les plus faibles. On s'arrêtera à la première racine qui se trouvera sortir du cercle donné.

Ce qu'on vient de dire s'applique évidemment au cas où $f(x)$ n'est holomorphe que dans un certain cercle, pourvu qu'on ne cherche que des racines comprises dans ce cercle.

20. Application. — Calcul de π. — Soit à trouver, à l'approximation de la règle à calcul, la racine comprise entre 0 et $\dfrac{\pi}{4}$ de l'équation

$$(1) \qquad \frac{1}{2} = \sin x.$$

À l'avance on sait qu'on doit trouver $x = \dfrac{\pi}{6}$. Cet exemple servira donc, en quelque sorte, de vérification à la théorie ; il montre aussi comment la méthode de Gräffe fournit une infinité de manières de calculer le rapport de la circonférence au diamètre. L'équation (1) s'écrit

$$(2) \qquad \frac{1}{2} = x - \frac{x^3}{6} + \frac{x^5}{120} - \frac{x^7}{5040} \cos 0x ;$$

x^7 est plus petit que 1, $\cos 0x$ également ; donc, quand on opère avec la règle à calcul, le dernier terme est négligeable devant $\dfrac{1}{2}$. Je chasse le dénominateur 2 et je fais tout passer dans le premier membre. Il vient

$$(3) \qquad 0 = 1 - 2x + \frac{x^3}{3} - \frac{x^5}{60}.$$

Je réduis les fractions en décimales et j'applique la méthode de Gräffe, en ayant soin de pousser aussi loin que possible un calcul nécessaire d'une colonne et de ne faire un calcul à une colonne suivante que s'il est nécessité par le calcul d'une colonne précédente. De cette façon on évite des calculs qui seraient inutiles ici, puisque l'on cherche, non pas les cinq racines de l'équation (3), mais seulement la première. Voici ce calcul :

	x^0.	x^1.	x^2.	x^3.	x^4.	x^5.
$.2^0$	$+1$	$-\quad 2$	0	$+\overline{1}.3333$	0	$-\overline{2}.1666$
		$+\quad 4$	$+\quad 0$	$+\overline{1}.1111$	$+\quad 0$	
		0	$+0.1333$	0	$+\overline{2}.1111$	
		»	0	666	»	
2^1		$+\quad 4$	$+0.1333$	$+\overline{1}.1777$	$+\overline{2}.1111$	
		$+1.16$	$+0.1777$			
		$-\quad 2666$	$-\quad 1422$			
			$+\quad\quad 22$			
2^2		$+1.1333$	$+\overline{1}, 377$			
		$+2.1777$				
		$-\quad\quad 7$				
2^3	$+1$	$+2.1770$				

De la dernière transformée on tire

$$8 \log x = 3{,}752\,03,$$
$$\log x = \overline{1}{,}719\,00,$$
$$x = 0{,}5236.$$

Vérification :

$$6x = 3,1416.$$

On le voit, le calcul se trouve plus précis que nous n'avions demandé.

21. Caractères de supériorité de la méthode. — Application à l'Astronomie et à la Physique. — L'artifice qui consiste à ne faire un calcul à une colonne que lorsqu'il est nécessité par une colonne précédente, constitue le plus remarquable caractère de supériorité de la méthode. Il rend en effet superflue, dans la pratique, la précaution, si utile à la théorie, de fixer d'abord le nombre des termes à conserver dans la série. Par là on évite une perte de temps, un effort d'intelligence et le risque d'aller trop loin par une évaluation trop large. Mais, il y a plus. Voulous-nous maintenant la deuxième racine $\pi - \dfrac{\pi}{6}$ de l'équation (1) ? Il n'y aura rien à recommencer. Tous les calculs exécutés pour trouver la première racine sont nécessaires pour chercher la deuxième. Il y aura seulement à ajouter des termes aux colonnes ; peut-être des colonnes nouvelles ? Mais toujours mécaniquement et à mesure des besoins, jusqu'à ce que le coefficient de x^2, devenu régulier, fasse connaître la deuxième racine cherchée.

On prévoit aisément les importants services que doit rendre la méthode précédente en Astronomie et en Physique, où l'on rencontre des équations transcendantes, développables en séries. En Astronomie, par exemple, on résoudrait l'équation bien connue

$$u - e \sin u = nt$$

par rapport à u, comme je viens de l'expliquer, en se bornant à la plus petite racine.

22. Extension de la méthode d'approximation. — Supposons qu'avec la précision définitivement demandée à la racine, la série puisse être limitée au terme de degré n. L'équation s'écrira

$$0 = A_0 + A_1 x + A_2 x^2 + \ldots + A_n x^n.$$

À cette équation algébrique, je peux appliquer la méthode d'approximation du § III ; mais il convient ici de commencer le calcul par les premiers termes qui sont les plus importants, et par suite de calculer la correction qu'il faut porter à la valeur approchée de l'*inverse* de la racine. Par là on évite, comme plus haut (n° 21), la détermination *a priori* du rang n où il faut limiter la série ; car, dans la pratique, il suffira de s'arrêter quand on constatera que l'influence des termes suivants disparaît. Si l'on se reporte à la notation et à la disposition de calcul qui précèdent (n° 15), on voit qu'il faudra s'arrêter dans le sens horizontal quand le terme A_{n+1} deviendra négligeable devant le produit par x du dernier nombre obtenu (*). D'après une remarque précédente (n° 17), le calculateur peut aussi s'arrêter juste à

(*) On peut se demander ce qui arrive quand on dépasse le terme A_n où il convient de s'arrêter, en supposant A_{n+1} négligeable. Au lieu de l'équation $f(\alpha + z) = 0$ qu'on aurait obtenue, on obtient, dans cette hypothèse, l'équation $(z + \alpha)\, f(\alpha + z) = 0$, laquelle admet les mêmes racines que la première.

temps dans le sens vertical. De cette façon il n'exécutera que la partie strictement nécessaire des calculs.

23. Application à l'équation $\dfrac{1}{2} = \sin x.$ — D'après le calcul précédent on a, pour la valeur approchée de x,

$$\operatorname{colog} x = 0{,}281\,00,$$

$$\frac{1}{x} = 1{,}9099.$$

Pour faciliter les calculs par la Table de Crelle, je remplace cette valeur par

$$x = 1{,}91.$$

J'obtiens le calcul suivant dont la disposition est expliquée par ce qui précède; je cherche 9 chiffres à $\dfrac{1}{x}$:

x^0.	x^1.	x^2.	x^3.	x^4.	x^5.
+1	−0.2	0	+$\overline{1}$. 333 333 333 33	0	−$\overline{2}$. 166 666 666
	+ 191	−$\overline{1}$. 17 19	− 328 329	+$\overline{3}$. 955 827 666	+ 182 563 084
+1	−$\overline{2}$. 9	−$\overline{1}$. 17 19	+$\overline{3}$. 5 004 333 33	+$\overline{3}$. 955 827 666	+$\overline{3}$. 16 896 418
	+ 191	+ 347 62	+ 6311 213	+ 1206 397 51	+ 230 604 49
+1	+0.182	+0. 330 43	+0. 6316 217 333	+1. 1207 353 34	+1. 230 620 39
	+ 191	+ 716 16	+ 200	+ 512	+ 1207
	+0.373	+1.1046 6	+1.263	+1.632	+2.1437

x^6.	x^7.	x^8.	x^9.
0	+ $\overline{4}$. 396 825 396	0	−$\overline{6}$. 55 117
+$\overline{3}$. 303 621 584	+ 5799 172 7	+$\overline{2}$. 118 343 564	+ 226 036 207
+$\overline{3}$. 303 621 584	+$\overline{3}$. 6195 998 1	+$\overline{2}$. 118 343 564	+$\overline{2}$.225 981 090 = B₉
+ 4404 849 4	+ 84138422	1607 162 18	
+1. 4405 153 0	+1. 84144618	+2.1607 280 52 = B₈	
+ 2746	+ 608		
+2.3186	+2.692 = B₇		

$$z = \frac{-\,B_9}{B_8} = -\overline{4}.141.$$

Deuxième correction :

	+2.692	+2.160 728 052	+$\overline{2}$.225 981 090
		− 97 572	− 226 488 977
−$\overline{4}$.141	+2.692	+2.160 630 480	−$\overline{5}$. 507 887

$$u = +\overline{7} \cdot \frac{507\,9}{160\,6} = \overline{7}.316.$$

On déduit de ces deux corrections, pour $\dfrac{1}{x}$,

$$x = +\ 1{,}91$$
$$z = -\quad 0\ 141$$
$$n = +\qquad\qquad 316$$

$$\dfrac{1}{x} = \quad 1{,}909\ 859\ 316$$

Cette valeur doit représenter $\dfrac{6}{\pi}$; si donc on la divise par 6, on doit retrouver la valeur connue de $\dfrac{1}{\pi}$. On obtient, en effet,

$$\dfrac{1}{6x} = 0{,}318\ 309\ 886 = \dfrac{1}{\pi}.$$

§ V. — Application à la Physique.

Détermination du rapport $\theta = \dfrac{\lambda}{2\mu}$ *des coefficients d'élasticité de Lamé.*

24. Résultats de la théorie de Kirchhoff sur les vibrations d'une plaque circulaire (*). — Les lignes nodales qui correspondent à un son quelconque de la plaque sont des cercles et des diamètres qui la divisent en portions égales. Le son fondamental répond à 2 diamètres et 0 cercle. Dans les autres cas, on obtient des harmoniques. Soient

n le nombre des nœuds diamétraux;

m le nombre des cercles;

$v_{n,m}$ le nombre des vibrations correspondantes à n et m

Pour calculer v au moyen de n, m et des constantes physiques de la plaque, on a la formule suivante

$$(1)\qquad v_{n,m} = x^2_{n,m}\ \frac{4\varepsilon}{\pi l^2}\ \sqrt{\frac{\eta(1+2\theta)^2}{3\rho(1+\theta)(1+3\theta)}},$$

où l'on représente par

2ε l'épaisseur de la plaque;

l son rayon;

η son coefficient d'élasticité;

ρ sa densité,

$\theta = \dfrac{\lambda}{2\mu}$ le rapport des coefficients d'élasticité de Lamé;

$x^2_{n,m}$ le carré de la $(m+1)^{\text{ième}}$ des racines de l'équation

$$(2)\qquad 0 = (4\gamma - 1)n^2(n-1) - \Lambda_1 x^4 + \Lambda_2 x^8 - \Lambda_3 x^{12} + \ldots,$$

(*) *Comptes rendus,* t. XXIX, p. 753; 1849.

dans laquelle on a

$$(3)\begin{cases} \gamma = \dfrac{1+2\theta}{1+\theta}, \\[2mm] \Lambda_k = \dfrac{4\gamma(n+2k)(n+2k+1)[n(n-1)-2k+4\gamma k(n+k)]-n^2(n^2-1)}{1.2.3\ldots k\times(n+1)(n+2)\ldots(n+k)\times(n+1)(n+2)\ldots(n+2k+1)} \end{cases}$$

25. Méthode pour la détermination de θ au moyen des sons rendus par une plaque [*]. — L'équation (2) est de la forme $F(x, n, \theta) = 0$; $x^2_{n,m}$ est donc une fonction de θ, et cette fonction est variable avec n et m. Je la représente par $f_{n,m}(\theta)$. On déduit de l'équation (1)

$$\frac{v_{n,m}}{v_{2,0}} = \frac{f_{n,m}(\theta)}{f_{2,0}(\theta)} = \varphi_{n,m}(\theta).$$

Pour les diverses valeurs de θ, $\varphi_{n,m}(\theta)$ peut être calculé par les formules (1), (2), (3). On en dressera une Table. L'observation du son fondamental rendu par la plaque et de l'harmonique (n, m) fait connaître $v_{2,0}$ et $v_{n,m}$. Entrant dans la Table avec l'argument $\dfrac{v_{n,m}}{v_{2,0}} = \varphi_{n,m}(\theta)$, on en déduit θ. En observant de nouveaux harmoniques, on a autant de vérifications.

La résolution de l'équation (2) est, on le voit, fondamentale dans la méthode. Je vais donner cette résolution pour $\theta = 1$, $n = 0$, en me limitant à deux racines.

26. Résolution de l'équation du problème dans le cas $\theta = 1$, $n = 0$. — Je pose $x^4 = X$ et je ramène le premier coefficient à l'unité. Puis je remplace les coefficients par les valeurs numériques particulières au cas actuel. Enfin, j'applique la méthode de Gräffe. J'obtiens le calcul suivant pour les transformées :

	$X^0.$	$X^1.$	$X^2.$	$X^3.$	$X^4.$	$X^5.$
2^0	$+1$	$-\overline{1}.5966$	$+\overline{3}.957$	$-\overline{5}.2848$	$+\overline{8}.264$	$-\overline{11}.1004$
		$+\overline{1}.356$	$+\overline{5}.916$	$+\overline{10}.811$	$+\overline{16}.697$	
		$-\overline{2}.19$	$-\overline{5}.341$	$-\overline{10}.506$	$-\overline{16}.$ »	
			$+\overline{8}.5$	$+\overline{11}.12$	»	
2^1		$+\overline{1}.337$	$+\overline{5}.5755$	$+\overline{10}.317$	$+\overline{16}.$ »	
		$+\overline{1}.1136$	$+\overline{9}.331$	$+\overline{20}.$ »		
		$-\overline{4}.1$	$-\overline{10}.21$	»		
			$+\overline{16}.$ »	»		
2^2		$+\overline{1}.1135$	$+\overline{9}.310$	$+\overline{20}.$ »		

---

[*] *Comptes rendus*, *loc. cit.*, et Notes de M. MERCADIER, 11 et 25 juillet, 1er août 1887 et 2 juillet 1888.

Les deux premières racines sont visiblement séparées entre elles et des autres. On en conclut

$$X_0^3 = (x_0^2)^{-8} = +\overline{1},1135 ; \qquad 8 \log\left(\frac{1}{x_0^2}\right) = +\overline{1},055\,00$$

$$(X_0 X_1)^{-1} = (x_0^2 x_1^2)^{-8} = +\overline{9},\,310 : \qquad 8 \log\left(\frac{1}{x_0^2 x_1^2}\right) = +\overline{9},491\,36$$

$$8 \log\left(\frac{1}{x_0^2}\right)^2 = \overline{2},110\,00$$

$$8 \log (x_0^2 x_1^2) = 8,508\,64$$

$$8 \log\left(\frac{x_1^2}{x_0^2}\right) = 6,618\,64 ; \qquad \log\left(\frac{x_1^2}{x_0^2}\right) = 0,827\,33$$

$$\frac{v_{2\,1}}{v_{2,0}} = \frac{x_1^2}{x_0^2} = 6,715.$$

27. Résultats. — On obtient ainsi (à l'approximation du calcul) le nombre écrit en caractères gras dans le Tableau ci-dessous. Ce Tableau, tiré du Mémoire de Kirchhoff[*], donne les valeurs de $\dfrac{v_{n,m}}{v_{2,0}} = \varphi_{n,m}(\theta)$ pour diverses valeurs de n et les deux valeurs $\theta = \dfrac{1}{2}$ et $\theta = 1$. Toutes peuvent être obtenues comme la précédente. Voici ce Tableau :

$$\text{\textit{Valeurs de } } \varphi_{n,m}(\theta) \text{ \textit{pour} } \theta = \frac{1}{2} \text{ \textit{et} } \theta = 1 :$$

	$\theta = \dfrac{1}{2}.$				$\theta = 1.$			
$m.$	$n = 0.$	$n = 1.$	$n = 2.$	$n = 3.$	$n = 0.$	$n = 1.$	$n = 2.$	$n = 3.$
0	∞	∞	1,000	2,312	∞	∞	1,000	2,327
1	1,613	3,703	6,403	9,645	1,728	3,907	**6,711**	10,076
2	6,956	10,838	»	»	7,334	11,400	»	»

Il importe de connaître $\varphi_{n,m}(\theta)$ pour les valeurs de θ intermédiaires à 0,5 et 1. Voici ce que je trouve pour le premier harmonique ($n = 0$, $m = 1$) :

θ	0,5	0,6	0,7	0,8	0,9	1,0
$\dfrac{v_{0,1}}{v_{2,0}} = \varphi_{0,1}\theta$	1,613	1,639	1,663	1,685	1,706	1,728

Or, si l'on calcule les nombres intermédiaires par interpolation au moyen des deux extrêmes, on trouve les nombres

1,613	1,636	1,659	1,682	1,705	1,728

qui coïncident avec les précédentes à l'approximation du calcul. Cette approximation est largement suffisante dans la question qui nous occupe. On peut donc se contenter de cette interpolation et le Tableau de Kirchhoff suffit à résoudre le problème de la détermination de θ par l'étude des plaques vibrantes.

---

[*] *Loc. cit.*

TABLE DES MATIÈRES

§ V. — Application a la Physique.

Détermination du rapport $\theta = \dfrac{\lambda}{2\mu}$ *des coefficients d'élasticité de Lamé.*

BAR-LE-DUC. — IMPRIMERIE COMTE-JACQUET.

www.ingramcontent.com/pod-product-compliance
Ingram Content Group UK Ltd.
Pitfield, Milton Keynes, MK11 3LW, UK
UKHW021634130726
13696UKWH00005B/2186